MINISTÈRE DU COMMERCE, DE L'INDUSTRIE
DES POSTES ET DES TÉLÉGRAPHES

EXPOSITION UNIVERSELLE INTERNATIONALE DE 1900

DIRECTION GÉNÉRALE DE L'EXPLOITATION

IIIe CONGRÈS INTERNATIONAL
ORNITHOLOGIQUE
TENU À PARIS DU 26 AU 30 JUIN 1900

PROCÈS-VERBAUX SOMMAIRES

PAR M. DE CLAYBROOKE
SECRÉTAIRE GÉNÉRAL DU CONGRÈS

PARIS
IMPRIMERIE NATIONALE

M.GMI

MINISTÈRE DU COMMERCE, DE L'INDUSTRIE
DES POSTES ET DES TÉLÉGRAPHES

EXPOSITION UNIVERSELLE INTERNATIONALE DE 1900

DIRECTION GÉNÉRALE DE L'EXPLOITATION

IIIe CONGRÈS INTERNATIONAL

ORNITHOLOGIQUE

TENU À PARIS DU 26 AU 30 JUIN 1900

PROCÈS-VERBAUX SOMMAIRES

PAR M. DE CLAYBROOKE

SECRÉTAIRE GÉNÉRAL DU CONGRÈS

PARIS

IMPRIMERIE NATIONALE

M CMI

IIIe CONGRÈS INTERNATIONAL ORNITHOLOGIQUE

TENU À PARIS DU 26 AU 30 JUIN 1900.

COMMISSION D'ORGANISATION.

PRÉSIDENT D'HONNEUR.

M. MILNE EDWARDS. membre de l'Institut, directeur du Muséum d'histoire naturelle.

PRÉSIDENT.

M. OUSTALET (E.), docteur ès sciences. assistant au Muséum. président du Comité ornithologique international permanent.

SECRÉTAIRE.

M. DE CLAYBROOKE (J.), sous-chef des groupes de l'Agriculture à l'Exposition universelle de 1900, secrétaire du Comité ornithologique international permanent.

TRÉSORIER.

M. HAMONVILLE (le baron Louis D'). membre de la Société zoologique de France, trésorier du Comité ornithologique international permanent.

MEMBRES.

MM. le docteur BUREAU (Louis), professeur à l'École de médecine et directeur du Musée d'histoire naturelle de Nantes.

DEBREUIL, avocat, membre de la Société nationale d'acclimatation.

GADEAU DE KERVILLE (H.). membre de la Société zoologique de France.

GINDRE-MALHERBE, vice-président de la Société protectrice des animaux.

GOUBIE (R.), artiste-peintre, membre de la Société zoologique de France et de la Société nationale d'acclimatation.

LAVERGNE DE LABARRIÈRE (J.-L.), membre de la Société zoologique de France.

le docteur MARMOTTAN, maire du xvie arrondissement de Paris, membre fondateur de la Société zoologique de France.

MÉGNIN (Pierre), membre de l'Académie de médecine, directeur du journal l'*Éleveur*.

MM. Petit, membre de la Société zoologique de France.

Pichot (P.-A.), directeur de la *Revue britannique*.

Raspail (Xavier), membre de la Société zoologique de France et de la Société nationale d'acclimatation.

Saint-Loup (Remy), docteur ès sciences, maître de conférences à l'École pratique des hautes études.

Simon (Eugène), membre de la Société zoologique et de la Société entomologique de France.

Ternier (L.), avocat, membre de la Société zoologique de France.

Vian (Jules), président honoraire de la Société zoologique de France.

PROGRAMME SOMMAIRE DU CONGRÈS.

1re Section.

Ornithologie systématique ; classification ; descriptions de genres nouveaux et d'espèces nouvelles ; nomenclature.

Anatomie et embryogénie des oiseaux.

Paléontologie : classification, description de genres nouveaux et d'espèces nouvelles ; faunes anciennes, relations des espèces éteintes avec les espèces actuelles.

2e Section.

Distribution géographique des oiseaux. — Faunes actuelles. — Espèces éteintes dans les temps historiques.

Migrations.

Déplacements accidentels. — Apparitions d'espèces rares dans certaines contrées.

3e Section.

Biologie. — Mœurs. — Régime. — Nidification.
Oologie.

4e Section.

Ornithologie économique : protection des espèces utiles à l'agriculture, destruction des espèces nuisibles. — Chasse.

Acclimatation.

Aviculture.

5e Section.

Organisation et fonctionnement du Comité ornithologique international.
Élection de nouveaux membres.

(Cette section est réservée spécialement aux membres du Comité.)

BUREAU DU CONGRÈS.

Président d'honneur : M. le baron DE SELYS-LONGCHAMPS (E.).

Membres d'honneur : S. A. R. le prince de BULGARIE, S. A. I. le prince Roland BONAPARTE, MM. le professeur BLASIUS (R.), le duc FÉRY D'ESCLANDS, le professeur FÜRBRINGER, HERMAN, le docteur MARMOTTAN, le professeur Alf. NEWTON, le comte DU PÉRIER DE LARSAN, le docteur Gustave VON RADDE, le professeur STUDER.

Président : M. E. OUSTALET.

Vice-Présidents : MM. le comte DE BERLEPSCH, le professeur R. BLASIUS, le docteur L. BUREAU, le docteur FATIO, le professeur GIGLIOLI, le docteur Remy SAINT-LOUP, H. SAUNDERS, le docteur R.-B. SHARPE.

Secrétaire général : M. Jean DE CLAYBROOKE.

Secrétaires : MM. le professeur comte E. ARRIGONI DEGLI ODDI, E. HARTERT, le docteur P. LEVERKÜHN, H. SCHALOW, le baron A. CRETTÉ DE PALLUEL, E. DUBREUIL, H. GADEAU DE KERVILLE, L. TERNIER.

BUREAU DES SECTIONS.

1re SECTION.

Président : M. le docteur BOWDLER SHARPE.
Secrétaires : MM. GADEAU DE KERVILLE, HARTERT.

2e SECTION.

Président : M. le professeur BLASIUS.
Secrétaires : MM. le comte ARRIGONI DEGLI ODDI, TERNIER.

3e SECTION.

Président : M. le docteur BUREAU.
Secrétaires : MM. le baron CRETTÉ DE PALLUEL, le docteur LEVERKÜHN.

4e SECTION.

1re Sous-Section. — *Protection des oiseaux, etc.*

Président : M. le docteur FATIO.
Secrétaires : MM. le comte D'ORFEUILLE, SCHALOW.

2e Sous-Section. — *Acclimatation.*

Président : M. le docteur SAINT-LOUP.
Secrétaires : MM. CHERNEL DE CHERNELHAZA, DEBREUIL.

3e Sous-Section. — *Aviculture.*

Président : M. le duc FÉRY D'ESCLANDS.
Secrétaires : MM. le baron DU TEIL, WACQUEZ.

5e SECTION.

Président : M. OUSTALET.
Secrétaire : M. DE CLAYBROOKE.

LISTE DES DÉLÉGUÉS OFFICIELS

DES GOUVERNEMENTS.

Autriche.

Musée I. R. d'histoire naturelle.

M. le docteur Lorenz von Liburnau, conservateur au Musée I. R. d'histoire naturelle.

Belgique.

Musée Royal d'histoire naturelle.

M. le docteur Dubois, conservateur au Musée royal d'histoire naturelle.

Ministère de l'agriculture et des travaux publics.

M. Mousel, directeur des Eaux et Forêts.

Bosnie-Herzégovine.

Musée de Sarajevo.

M. Othmar Reiser, conservateur au *Landes-Museum.*

Bulgarie.

M. le docteur Leverkühn (Paul), directeur des institutions scientifiques et bibliothèque de S. A. R. le prince Ferdinand Ier de Bulgarie.

Espagne.

M. Salvador Castello y Carreras, directeur de l'École royale d'Aviculture de Barcelone.

France.

Ministère des affaires étrangères.

M. Chatain (Marcel), consul de France, attaché à la Direction des consulats.

Ministère de l'agriculture.

MM. Récopé, conservateur des Eaux et Forêts.
Arnould, inspecteur adjoint des Eaux et Forêts.

Ministère de l'instruction publique et des beaux-arts.

M. Oustalet, président du Comité ornithologique international.

Ministère des colonies.

M. Dybowsky (Jean), inspecteur général des cultures coloniales.

Grande-Bretagne.

British Museum.

M. Bowdler Sharpe, conservateur au Bristib Museum.

Hongrie.

Ministère R. hongrois de l'agriculture.

M. Herman (Otto), directeur du Bureau central ornithologique hongrois.

Muséum national hongrois.

M. de Madarasz (J.), conservateur au Muséum national hongrois.

Italie.

Ministère de l'agriculture.

M. Giglioli (E.-H), professeur à l'Institut royal supérieur et directeur du Musée
    d'histoire naturelle de Florence.

Monaco.

M. le docteur Richard (Jules), conservateur des collections scientifiques de S. A. S. le
    prince Albert Iᵉʳ de Monaco.

Russie.

Ministère de l'agriculture et des domaines.

M. Kaigorodoff, professeur à l'Institut forestier de Saint-Pétersbourg.

Suède et Norvège.

M. le docteur Sjöstedt, directeur de la Station entomologique d'Alban, près Stock-
    holm.

Suisse.

MM. le docteur Fatio (V.).
    le docteur Studer, professeur à l'Université et directeur du Musée d'histoire natu-
    relle de Berne.

PROCÈS-VERBAUX SOMMAIRES.

SÉANCE GÉNÉRALE DU MARDI 26 JUIN 1900
(MATIN).

Président : M. E. OUSTALET.
Secrétaire : M. J. DE CLAYBROOKE.

La séance d'inauguration du Congrès est ouverte à 10 heures et demie dans la grande salle du Palais des congrès, à l'Exposition universelle.

M. E. OUSTALET, président de la Commission d'organisation, occupe le fauteuil de la présidence. A ses côtés prennent place MM. J. DE CLAYBROOKE, secrétaire général de la commission; GARIEL, délégué principal des Congrès à l'Exposition universelle de 1900, et les membres de la Commission d'organisation.

Après une allocution du président de la Commission, M. OUSTALET, il est procédé à l'élection du bureau du Congrès et des bureaux des diverses sections (voir page 6).

Les sections ont tenu le même jour et les jours suivants, du mardi 26 juin au samedi 30 juin, plusieurs séances qui ont alterné avec les séances générales et des visites au Muséum d'histoire naturelle.

Nous ne pouvons donner ici qu'un résumé très succinct des travaux de ces sections, qui, à la suite de discussions souvent très animées, ont formulé pour la plupart un certain nombre de vœux, lesquels ont été soumis aux votes du Congrès dans la dernière séance générale.

SÉANCE DU MARDI 26 JUIN
(APRÈS-MIDI).

Iʳᵉ SECTION : **Ornithologie systématique.**

Président : M. le docteur R. BOWDLER SHARPE.
Secrétaires : MM. E. HARTERT et H. GADEAU DE KERVILLE.

La séance est ouverte à 2 heures et demie.

Dans le cours de cette séance, les communications suivantes ont été faites :

M. Xavier RASPAIL : *Les légendes sur le coucou.*

M. le docteur Bowdler Sharpe : 1° *Notice sur les oiseaux recueillis en Mandchourie par MM. le docteur Donaldson Smith et Mell;*

2° *Notice sur les oiseaux recueillis au Shensi par le P. Hugh;*
3° *Les oiseaux de Mascate (Arabie méridionale);*
4° *Note sur les oiseaux du nord de Célèbes,* par M. Ch. Hose;
5° *Note sur les oiseaux de Costa-Rica,* par M. Underwood.

M. le docteur V. Fatio : *Note sur trois exemplaires d'une forme particulière de Tetrao tetrix, peut-être femelles de T. medius* (M. le baron de Sélys-Longchamps et M. Hartert présentent quelques observations au sujet de cette communication).

M. le professeur Rod. Burckhardt : *Le poussin du Rhinochetus jubatus* (avec présentation de photographies, de dessins et de spécimens en alcool).

M. le professeur Th. Studer : *Le poussin du Chionis et les poussins de quelques autres oiseaux.*

MM. Eug. Simon et le comte R. de Dalmas : *Liste de Trochilidæ du Venezuela et de la Colombie occidentale.*

M. Eug. Simon : *Description de trois espèces nouvelles de la famille des Trochilidæ.*

M. le docteur Arbel : *Note sur le Faucon Alethe.*

M. le comte Hans von Berlepsch (en son nom et au nom de M. Jean Stolzmann) : *Description de plusieurs espèces nouvelles d'oiseaux recueillis dans le Pérou central, par le voyageur Jean Kalinowski.*

M. Ernest Hartert : *Sur une espèce inédite de Martinet (Cypselus) de l'Inde.*

M. le docteur Louis Bureau : *Sur les mues de quelques Laridés.*

M. le docteur Rémy Saint-Loup : *Proposition des méthodes de recherche des affinités.*

La séance est levée à 4 heures trois quarts.

SÉANCE DU MARDI 26 JUIN

(APRÈS-MIDI).

3ᵉ Section : **Mœurs et régime des oiseaux, nidification et oologie.**

Président : M. le docteur Louis Bureau.
Secrétaires : MM. le docteur P. Leverkühn et le baron A. Cretté de Palluel.

La séance est ouverte à 5 heures; 68 membres sont présents.

M. P. Wacquez fait une communication intitulée : *Observations sur la reproduction des hirondelles en chambre.*

M. R. Saint-Loup demande s'il a été fait des recherches sur le mécanisme de la coloration des œufs des oiseaux. Plusieurs membres signalent les travaux de Cornay et de P. O. des Murs.

M. le docteur Bureau fait une communication *sur les oiseaux qui se reproduisent en plumage du jeune âge et ceux qui ne se reproduisent qu'en plumage d'adulte.* Il montre comme exemple des premiers des femelles d'*Astur palumbarius*, d'*Aquila Adalberti* et de *Phalacrocorax cristatus*, et cite des phénomènes analogues observés par Hardy chez le *Phalacrocorax carbo* sur les falaises de Dieppe. Il dit qu'il faut ranger dans la deuxième catégorie les Laridés ou Goélands, qui mettent plusieurs années à revêtir le plumage d'adulte et ne se reproduisent pas avant de l'avoir pris. C'est ainsi que le *Larus ridibundus* et la *Rissa tridactyla* ne pondent qu'à deux ans révolus.

MM. Oustalet et Wacquez prennent la parole à propos de cette communication.

M. Ch. van Kempen dit qu'il possède dans sa collection un exemplaire de l'Œdicnème criard (*Œdicnemus crepitans*) et un Bécasseau cocorli (*Tringa subarquata*) qui offrent une anomalie assez singulière. Ces deux oiseaux sont porteurs d'une huppe assez longue.

M. le docteur Louis Bureau, comme complément aux Notes publiées par feu le baron Louis d'Hamonville et par M. E. Oustalet dans l'*Ornis* de 1896-1897, fait une communication *sur les plumages de la Mouette de Sabine* (Xema Sabinei).

La séance est levée à 6 heures.

SÉANCE DU MERCREDI 27 JUIN

(MATIN).

2ᵉ Section : **Distribution géographique des Oiseaux, faunes actuelles, migrations, etc.**

Président : M. le professeur R. Blasius.
Secrétaires : MM. le professeur E. Arrigoni degli Oddi et M. L. Ternier.

La séance est ouverte à 9 heures et demie.

La parole est donnée à M. le docteur Louis Bureau pour une communication *sur la présence de l'Acredula Irbii dans le midi de la France.*

M. M. Blasius soumet à l'approbation de la Section une proposition due à l'initiative de M. Otto Herman, et que l'assemblée des naturalistes, réunie à Sarajevo du 25 au 29 septembre 1899, a décidé de présenter au Congrès ornithologique de 1900. Cette proposition est conçue en ces termes :

« Le IIIe Congrès ornithologique international, afin d'élucider autant que possible les phénomènes de la migration des oiseaux, émet le vœu qu'il soit organisé, dans une des prochaines années, un service d'observations générales s'étendant sur toute l'Europe, sur la migration vernale de l'*Hirundo rustica* et donne au Comité international permanent l'autorisation de faire les démarches nécessaires pour réaliser ce vœu et de faire un rapport sur les résultats obtenus. »

La proposition indique en outre quels seraient les moyens pour atteindre ce but.

MM. Oustalet, O. Herman et P.-A. Pichot présentent quelques observations, à la suite desquelles le texte primitif est modifié (Voir à la séance générale du 30 juin).

M. Lorenz de Liburnau soumet à la Section quelques propositions qui sont mises aux voix et adoptées à l'unanimité. On décide qu'elles seront votées à la dernière assemblée générale.

M. E. Oustalet donne lecture d'une communication écrite de M. P. Bernard, de Montbéliard, *sur l'habitat du Casse-noix* (Nucifraga caryocatactes). M. le président Blasius présente à ce sujet quelques observations.

M. E. Oustalet donne lecture d'une lettre de M. G. de Rocquigny-Adanson signalant la capture d'un exemplaire de la Demoiselle de Numidie (*Anthropoides virgo*) sur les bords de l'Allier, aux environs de Moulins, le 15 juin 1900, et d'une lettre de M. Ch. C. Mortensen, professeur au lycée de Viborg (Danemark), fournissant quelques renseignements sur l'enquête qu'il poursuit *sur les migrations de l'étourneau vulgaire* (Sturnus vulgaris).

M. Louis Ternier expose les résultats de son étude *sur la distribution géographique en France de l'outarde canepetière* (Otis tetrax) d'après les documents fournis par l'enquête faite en 1885 et 1886, sous les auspices du Ministère de l'instruction publique et centralisés par la Commission ornithologique française.

M. H. Schalow fait ensuite une communication *sur la distribution géographique en Afrique des espèces du genre Struthio.*

M. O. Reiser dépose sur le bureau quelques exemplaires d'un *Rapport sur l'activité déployée dans le domaine ornithologique sur le territoire de la péninsule des Balkans par le Muséum de Bosnie-Herzégovine à Sarajevo.* Ce rapport a été rédigé spécialement pour le Congrès.

M. le docteur Quinet présente quelques observations *sur les Causes de la migration des oiseaux* et remet au président un mémoire imprimé sur cette question.

SÉANCE GÉNÉRALE DU MERCREDI 27 JUIN

(APRÈS-MIDI).

Président : M. E. Oustalet, président du Congrès.
Secrétaire : M. J. de Claybrooke.

M. le professeur G. Martorelli, de Milan, a le premier la parole pour deux communications. Il donne d'abord quelques renseignements sur le *Ptilopus Huttoni* et présente une aquarelle exécutée d'après le seul et unique exemplaire connu de cette espèce de pigeon, une femelle qui a été envoyée au docteur Finsch par le professeur Hutton, de l'Université d'Otago (Nouvelle-Zélande). C'est la première figure complète qui ait été faite de l'oiseau dont on n'avait représenté jusqu'ici que la tête.

M. Martorelli présente ensuite une figure coloriée d'un hybride de *Turdus obscurus* et de *T. iliacus* qui appartient au Musée civique de Milan (collection Turati) et qui avait été désigné, avec un point de doute, sous le nom de *Turdus obscurus*.

M. le professeur E.-H. Giglioli fait une communication sur la découverte qu'il a faite dans la collection du Musée d'histoire naturelle de Florence, qu'il dirige, d'un squelette de l'emeu noir (*Dromaius ater*), espèce qui vivait, jusqu'au commencement de ce siècle, sur l'île Decrès ou île des Kangourous, voisine de la côte méridionale de l'Australie. Il rappelle que MM. A. Milne Edwards et E. Oustalet ont fait l'historique de la disparition de cette espèce, dont trois individus vivants avaient été apportés en Europe par Péron. La dépouille et le squelette de deux d'entre eux sont conservés au Muséum.

M. Giglioli montre que c'est certainement le squelette du troisième individu qui se trouve actuellement au Musée de Florence, lequel l'a reçu autrefois du Muséum de Paris.

M. Giglioli annonce ensuite qu'il vient de constater la présence en Italie d'une espèce de Chevêche (*Athene*) qu'il a désignée sous le nom d'*Athene Chiaradiæ*. Le premier et unique exemplaire de cette espèce, dont il donne la description, a été découvert dans les ruines du château de Caneva Sacile (Udine).

M. Oustalet résume ensuite en quelques mots une note manuscrite qu'il dépose sur le bureau et qui est relative à une espèce domestique, la Tourterelle rieuse (*Turtur risorius*) dont l'origine est encore fort mal connue. Il établit que la souche de cette espèce ne doit pas être recherchée en Afrique, mais bien en Asie.

M. le Président dépose également sur le bureau une note manuscrite de M. Herman Johansen, assistant au Musée zoologique de l'Université impériale de Tomsk (Russie). Cette note donne un résumé des observations ornithologiques les plus importantes qui ont été faites dans la Sibérie centrale dans le cours de l'année 1899.

La séance est levée à 3 heures.

SÉANCE DU MERCREDI 27 JUIN

(APRÈS-MIDI).

1re Sous-Section de la 4e Section : **Protection des Oiseaux.**

Président : M. le docteur Victor Fatio.
Secrétaires : MM. H. Schalow et le comte d'Orfeuille.

La séance est ouverte à 3 heures.

M. le Président rappelle à l'assemblée que son rôle consiste à émettre des vœux et non à voter des lois.

M. le baron H. von Berlepsch dépose sur le bureau plusieurs exemplaires d'un petit livre qu'il a publié sous le titre de *Der gesammte Vogelschutz* et dont il a paru en même temps une édition française (*Manuel de la protection des oiseaux*) et une édition suédoise.

Il présente, au nom de la Société ornithologique allemande (*Deutsche Ornithologische Gesellschaft*), le projet d'une loi internationale pour la protection des oiseaux, élaboré spécialement en vue du Congrès ornithologique international de 1900, par une commission composée de : M. le baron Hans von Berlepsch, de Cassel, président; M. le conseiller municipal A. Nerkhorn, de Brunswick; M. le professeur-docteur Kœnig, de Bonn; M. Ernest Hartert, conservateur du musée de Tring (Angleterre); M. le professeur-docteur Rœrig, de Berlin; M. Kollibay, avocat, de Veisse.

MM. Vernet, Blasius, Herman, Giglioli, Oustalet, Hartert, Ohlsen, Chatain, Duval, Fatio, Arnould, Quinet et de Selys-Longchamps prennent tour à tour la parole à propos de ce projet. Il ressort de l'ensemble de ces observations, lesquelles sont accueillies par un assentiment unanime, qu'il importe avant tout de ne pas compromettre l'œuvre de la conférence internationale pour la protection des oiseaux, réunie en 1895, et de ne pas entraver des projets de convention qui sont sur le point d'aboutir. Le Congrès ne doit pas oublier d'ailleurs, dit M. Oustalet, qu'il n'a point de pouvoir diplomatique et qu'il doit se contenter du seul droit qu'il possède, celui d'émettre des vœux.

La séance est levée à 4 heures et demie.

SÉANCE DU MERCREDI 27 JUIN
(APRES-MIDI).

5ᵉ Section : **Comité ornithologique international.**

Président : M. E. Oustalet.
Secrétaire : M. J. de Claybrooke.

M. Oustalet, président en exercice, donne lecture de son rapport sur le fonctionnement du Comité de 1896 à 1900 et présente les comptes relatifs à la même période.

M. le professeur R. Blasius, ancien président du Comité ornithologique international permanent, dépose sur le bureau le relevé des sommes reçues ou dépensées par lui depuis qu'il a cessé ses fonctions jusqu'à l'heure actuelle.

La section nomme une commission de trois membres : MM. Buttikofer, Fatio, Giglioli et Lorenz von Liburnau, pour examiner les comptes présentés par le Président.

Après examen, la commission conclut à l'approbation des comptes de MM. Oustalet et Blasius et la section consultée vote à l'unanimité cette approbation. Sur la proposition de M. Giglioli la section vote en outre, à l'unanimité, des remerciements au président actuel pour sa gestion.

M. Herman demande que les comptes soient publiés dans *Ornis* ainsi que la liste des membres qui viendront à être élus durant le présent Congrès.

L'élection de ces membres est remise à la prochaine séance pour que les membres du comité présents au Congrès aient le temps de préparer les éléments d'une liste.

La séance est levée à 5 heures et demie.

SÉANCE DU JEUDI 29 JUIN
(MATIN).

2ᵉ Sous-Section de la 4ᵉ Section : **Acclimatation.**

Président : M. le Dʳ Rémy Saint-Loup.
Secrétaires : MM. E. Chernel de Chernelhaza et Debreuil.

La séance est ouverte à 10 heures.

M. le Président, après avoir prononcé une allocution, annonce que deux ouvrages ont été déposés sur le bureau et mis à la disposition des membres du Congrès. Ce sont :

1° *Rapport sur l'ouvrage intitulé : Les oiseaux de la Hongrie et leur importance économique*, par M. Etienne CHERNEL DE CHERNELHAZA.

2° *Contribution aux recherches sur la migration des oiseaux d'après les résultats fournis par l'enquête faite en Hongrie, en 1898, sur la migration vernale de l'Hirondelle de cheminées (Hirundo rustica)*, par M. Gaston GAAL DE GYULA.

M. le baron Jules DE GUERNE donne lecture de deux questionnaires, rédigés par les soins de la Section d'ornithologie-aviculture de la Société nationale d'acclimatation de France, en vue du III° Congrès ornithologique international; et aussi des réponses qui ont été envoyées à la Société. L'un de ces questionnaires est relatif à l'histoire naturelle des Nandous, l'autre à celle des Tinamous et spécialement du Tinamou roux.

MM. le comte DE LA VAULX, DEBREUIL, HARTERT, FRANCK, BUTTIKOFER et UGINET présentent quelques observations.

M. le baron Jules DE GUERNE donne encore lecture d'un questionnaire rédigé dans les mêmes conditions que les deux précédents, par M. Remy SAINT-LOUP, et dépose sur le bureau les réponses rédigées par M. le docteur FÉRÉ.

La séance est levée à midi.

SÉANCE DU JEUDI 28 JUIN

(MATIN).

3° SOUS-SECTION DE LA 4° SECTION : **Aviculture.**

Président : M. le duc FÉRY D'ESCLANDS.
Secrétaires : MM. P. WACQUEZ et le baron DU TEIL.

La séance est ouverte à 10 heures.

M. le baron DU TEIL, délégué de la Société des aviculteurs français, rappelle l'origine des premières expositions d'aviculture en France, expositions dont la création est due à M. A. Geoffroy Saint-Hilaire; il expose ensuite le programme et le rôle de la Société des aviculteurs français.

Il exprime les vœux suivants : 1° que, sur les sommes allouées par l'État aux Comices agricoles, une part soit réservée à l'aviculture; 2° qu'une médaille commémorative soit remise à tous les membres du Congrès ornithologique.

M. CASTELLO Y CARRERAS parle de l'erreur commise depuis de longues années au sujet de la race de poules dite *espagnole*. Il affirme que cette race n'est pas originaire d'Espagne, pas plus que la race d'Ancône, à laquelle plusieurs auteurs attribuent cette provenance. Il énumère ensuite les races réellement espagnoles, puis développe son exposé sur l'enseignement méthodique de l'aviculture qu'il applique à l'École royale d'aviculture de Barcelone; il termine en formulant le désir que les Gouvernements, sur les instances des délégués officiels au Congrès, organisent l'enseignement avicole soit comme complément aux études zootechniques, soit en créant un enseignement spécial, soit en encourageant l'initiative particulière.

Ces vœux sont mis aux voix et adoptés.

M. H. Voitellier fait une communication *sur les croisements rationnels et la possibilité d'améliorer au point de vue pratique les races de poules de tous pays.*

M. Delmas appelle l'attention des assistants sur l'importance de cette question.

M. Philippe ajoute quelques observations complémentaires et parle de la poule *Farerolles.*

M. le Président donne lecture d'une lettre de M. Sibillot demandant que la Section fasse voter un vœu en faveur de la protection légale dans tous les pays des pigeons voyageurs de passage.

La séance est levée à midi.

VISITE À DIVERSES SECTIONS DE L'EXPOSITION

DU JEUDI 28 JUIN, À 2 HEURES.

Les membres du Congrès, en grand nombre, sous la conduite de M. E. Oustalet, président, de M. J. de Claybrooke, secrétaire général, de M. le docteur Remy Saint-Loup, président, et de M. L. Ternier, secrétaire d'une des sous-sections, ont visité successivement plusieurs pavillons des sections étrangères, le palais des sciences et des lettres, le pavillon des forêts, etc.

SÉANCE DU JEUDI 28 JUIN

(APRÈS-MIDI).

3ᵉ Sous-Section de la 4ᵉ Section : **Aviculture.**

Président : M. le duc Féry d'Esclands.
Secrétaires : MM. P. Wacquez et le baron du Teil.

La séance est ouverte à 3 heures.

MM. Breschet, Couvreux et Voitellier présentent quelques observations au sujet de la précédente communication de M. Philippe sur la poule *Farerolles.*

M. le Secrétaire donne lecture d'une communication de M. le docteur Deneuve, *sur le Pigeon messager et ses transformations.*

Il donne également le résumé de la communication que M. Marois, empêché, se proposait de faire *sur l'historique de la race cochinchinoise et de la Pintade,* ainsi que *sur les travaux du Comité du Standard avicole de France.*

M. Wacquez prend la parole *sur le Pigeon-boulant et sur le Pigeon maillé.*

M. Breschet expose que le Pigeon romain est une race parisienne et que quelques-unes de ses variétés ont été créées à Paris même; quant à son lieu d'origine exact, ce doit être, dit-il, un endroit des environs de Paris qu'il désirerait voir déterminer d'une façon précise.

Ce pigeon, en tout cas, n'est nullement originaire d'Italie.

La séance est levée à 7 heures et quart.

VISITE AUX COLLECTIONS ORNITHOLOGIQUES DU MUSÉUM

DU VENDREDI 29 JUIN (10 HEURES DU MATIN).

Le lendemain, 29 juin, les membres du Congrès ont été conviés à visiter les collections ornithologiques exposées dans les galeries du Muséum, où ils ont été reçus par M. Edmond Perrier, récemment nommé directeur du Muséum en remplacement de M. A. Milne-Edwards, par M. le professeur L. Vaillant, chargé par intérim de la chaire de Zoologie (Mammifères et Oiseaux), et par M. E. Oustalet, président du Congrès. Le nouveau directeur du Muséum leur a souhaité la bienvenue dans une salle où avait été organisée, spécialement en vue du Congrès, et par les soins de MM. E. Oustalet, J. de Claybrooke, R. Saint-Loup, L. Ternier et le docteur Arbel, une petite exposition d'Oiseaux et de nids ainsi que d'aquarelles, de dessins, d'ouvrages et d'appareils ayant trait à l'ornithologie et à ses applications.

Les principaux éléments de cette exposition avaient été fournis par MM. P.-A. Pichot, le docteur Arbel, Remy Saint-Loup, Millot, Terrier, E. Juillerat, L. Ternier, Petit, baron de Berlepsch, etc.; enfin plusieurs vitrines renfermaient une série nombreuse des poussins d'Oiseaux européens et exotiques, de sujets offrant des phénomènes d'albinisme, de flavisme ou de mélanisme, de spécimens intéressants provenant de récentes explorations. M. Oustalet a attiré spécialement sur ces exemplaires l'attention des membres du Congrès qu'il a guidés ensuite à travers les galeries d'ornithologie en leur fournissant quelques renseignements sur les acquisitions les plus importantes du Muséum dans le cours de ces dernières années.

DEUXIÈME SÉANCE DU VENDREDI 29 JUIN

(APRÈS-MIDI).

1ʳᵉ Sous-Section de la 4ᵉ Section : **Protection des Oiseaux.**

Président : M. le docteur V. Fatio.
Secrétaires : MM. le comte d'Orfeuille et Schalow.

La séance est ouverte à 2 heures et demie.

La correspondance comprend divers manuscrits et imprimés, savoir :

1. M. Albert Granger. *Essai d'une classification des Oiseaux de France utiles ou nuisibles.*

2. M. Luigi Amaduzzi. *De la nécessité d'une loi protectrice des Oiseaux insectivores à propos de l'enquête sur la mouche de l'olivier.*

3. M. le professeur A. Mathey-Dupra. Un mémoire manuscrit *sur la Protection des Oiseaux.*

4. M. A. Boucard, un mémoire manuscrit *sur les oiseaux utiles et nuisibles ;*

5. M. Raveret-Wattel. *Sur la nécessité de classer le martin-pêcheur parmi les oiseaux nuisibles ;*

6. M. le professeur docteur R. Blasius, *Die Abnahme der Drosseln durch den Krammetsvogelfang, auf Grundlage neunundvierzigjahriger Fangresultate ;*

7. M. T.-S. Palmer, trois mémoires : A) *Legislation for the protection of Birds other than Game Birds ;* B) *Extermination of Noxious animals by Bounties ;* C) *The danger of Introducing Noxious animals and Birds ;*

8. *Yearbook of the Department of agriculture* (1899);

9. M. F.-E.-S. Beal, *Some common Birds in their relations to Agriculture ;*

10. M. A. Arnould, délégué du Ministère de l'agriculture, *Étude des mesures internationales de protection des oiseaux utiles à l'agriculture.*

M. E. Oustalet communique une lettre de M. le docteur Yngve-Sjöstedt, dans laquelle ce dernier rend compte des travaux qui ont été poursuivis en Suède depuis que la Commission internationale, assemblée à Paris en 1895, a remis au Gouvernement suédois un protocole en vue de la conclusion d'une convention internationale pour la protection des oiseaux utiles à l'agriculture.

Après la lecture de la correspondance, M. le chevalier Charles Ohlsen a la parole pour exposer une série de propositions pour la conservation des oiseaux.

MM. R. Blasius, Radot, le docteur Quinet, Hartert, Herman, Laloue, Vernet et Dybowski prennent la parole à propos de cette communication.

M. le comte du Périer de Larsan, député de la Gironde, annonce qu'il a déposé, il y a plusieurs mois, une proposition de loi sur la protection des petits oiseaux ; mais cette loi n'a pas pu être votée à temps pour le Congrès ornithologique ; il en donne une courte analyse.

M. le docteur Quinet dépose un vœu tendant à ce que les Gouvernements des différents pays veuillent bien confier à des entomologistes la tâche de faire des recherches sur l'alimentation des oiseaux à diverses époques de l'année. L'ensemble de ces travaux embrasserait une période de cinq années et serait remis au Comité ornithologique international pour en tirer des conclusions.

M. H. Vernet dépose le vœu qu'il soit conclu une convention internationale dans laquelle les États contractants s'engageraient à prendre certaines mesures que l'auteur énumère, en vue de la protection des oiseaux migrateurs.

M. le Président dit qu'il est heureux de penser que le travail élaboré par la Commission internationale de 1895 va enfin avoir un résultat, et, groupant les propositions de MM. de Berlepsch, Ohlsen, Quinet et Vernet, il donne lecture d'un projet de vœux comprenant six articles, applicables surtout à la région paléarctique, mais susceptibles d'être étendus aux colonies.

M. Xavier Raspail émet un vœu tendant à ce que des félicitations soient adressées au Ministre de l'agriculture de Belgique au sujet des instructions qu'il a prescrites à son Administration forestière pour favoriser la reproduction de certaines espèces, et à ce que les autres Gouvernements de l'Europe prennent des mesures analogues à l'égard des oiseaux utiles à l'agriculture.

Le vœu est adopté.

La séance est levée à 5 heures et demie.

SÉANCE DU SAMEDI 30 JUIN

(MATIN).

5ᵉ Section : **Comité ornithologique international.**

Président : M. le Dʳ Oustalet.
Secrétaire : M. J. de Claybrooke.

M. le docteur R. Blasius donne lecture d'un projet de règlement destiné au Comité ornithologique international permanent, projet qui avait été présenté en 1895 à une Commission composée de MM. R. Blasius, Collet, J. von Csato, V. Fatio, E. Oustalet, E. von Middendorf et von Tschusi zu Schmidhoffen, et qui, d'après les décisions prises à cette époque, devait être approuvé par le prochain Congrès.

Le règlement en question (projet publié dans l'*Ornis* en 1895) est discuté article par article, et la section, après délibération, en arrête définitivement le texte.

L'ordre du jour appelant la fixation du lieu de réunion du prochain Congrès, M. le Président annonce que les noms des villes de Barcelone, Bruxelles, Sophia et Londres ont été seuls mis en avant par quelques-uns de ses collègues.

M. le Président invite la section à choisir entre ces différentes villes. La question ayant été mise aux voix, la majorité de la section est d'avis de choisir Londres. Cette désignation, d'après les décisions prises au Congrès précédent, entraînant le choix d'un ornithologiste anglais comme président, le nom de M. R. Bowdler Sharpe, du British Museum, est proposé par plusieurs membres et accepté par acclamations.

La séance est levée à 11 heures et demie.

SÉANCE GÉNÉRALE DU SAMEDI 30 JUIN

(APRÈS-MIDI).

Président d'honneur : M. le baron Edm. de Sélys-Longchamps.
Président : M. E. Oustalet.
Secrétaire : M. J. de Claybrooke.

La séance est ouverte à 3 heures.

M. le baron Edmond de Sélys-Longchamps, président d'honneur, ouvre la séance et remet la présidence effective à M. Oustalet.

M. Oustalet, président, donne d'abord lecture d'un télégramme de S. A. R. le prince Ferdinand Ier de Bulgarie, exprimant tous les vœux que Son Altesse Royale forme pour le succès du Congrès. M. le Président prie M. le docteur Leverkühn, représentant officiel de Son Altesse Royale de vouloir bien la remercier de sa délicate attention.

M. le Président présente ensuite les excuses d'un des doyens de la science ornithologique, M. le professeur Barboza du Bocage, que son âge et surtout l'état de sa santé ont empêché de prendre part à une réunion avec laquelle il est de tout cœur. Sur la proposition de M. Oustalet, M. Barboza du Bocage est élu par acclamations membre d'honneur du Congrès.

M. le Président a le regret d'annoncer également que M. le docteur Dubois, de Bruxelles, qui devait prendre part au travaux du Congrès en qualité de délégué du Ministère de l'instruction publique et de l'intérieur du royaume de Belgique, a été pris, la veille du jour où il devait partir pour Paris, d'une attaque d'influenza qui l'a forcé à renoncer à son voyage.

Il donne lecture d'une lettre dans laquelle M. Vian exprime le vif regret que son âge et l'état de sa santé ne lui permettent point de prendre part aux travaux du Congrès et d'un télégramme par lequel M. le professeur Palacky de Prague adresse tous ses meilleurs vœux à ses collègues.

M. le Président est heureux de constater que la plupart des États de l'Europe ont bien voulu se faire représenter officiellement au Congrès par les délégués dont il donne la liste. Plusieurs Sociétés savantes et diverses Associations de France et de l'étranger se sont également fait représenter et les naturalistes de tous pays ont répondu à l'appel du Comité d'organisation avec un si aimable empressement que le Congrès, qui ne s'occupe cependant que d'un seul groupe d'animaux, compte autant d'adhérents qu'un congrès de zoologie générale.

Les ouvrages suivants sont déposés sur le bureau au nom de leurs auteurs et éditeurs :

V. Fatio : *Faune des Vertébrés de la Suisse*, volume II. *Histoire naturelle des Oiseaux*, 1re partie, Genève et Bâle, 1899. Ce volume comprend tout ce qui est relatif aux Rapaces, Grimpeurs, Percheurs, Bâilleurs et Passereaux ; il est accompagné de 3 planches hors texte dont 2 en couleur, d'une carte géographique coloriée, de 135 figures dans le texte dont 127 originales, et de 26 tableaux.

E.-H. Giglioli : *Primo Resoconto di resultati della inchiesta ornitologica in Italia.* Parte secunda : *Avifauna locali.* Florence, 1890.

J.-A. Harvie Brown : *On a correct Code on sortation Code in colours*, Édimbourg, 1899 (tirage à part d'un mémoire inséré dans les *Transactions of the Edinburgh Field Naturalists' and Microscopical Society*, session 1898-1899). Dans ce travail l'auteur propose l'adoption d'une série de couleurs, pour différencier soit les diverses régions zoologiques sur les cartes, soit les fiches de catalogues consacrées aux animaux de telle ou telle région.

Ben. Gröndal : *Islenzkt Flugetal (Aves Islandiæ)*, Reykjavik, 1895 (tirage à part d'un mémoire publié dans *Skyrslu um hid isl. natturfrædisfjel*, 1894-1895).

Docteur G.-V. d'Almásy : *Madártani Betakintes a román Dobrudshba (Ornithologische Recognoscirung der rumänischen Dobrudocha)*, Budapest, 1898 (tirage à part d'un mémoire inséré dans *Aquila*, 1898, t. V).

M. le Président annonce qu'il a reçu en outre de M. Lehuédé, naturaliste à Batz (Loire-Inférieure), la liste manuscrite des oiseaux les plus remarquables que M. Lehuédé a obtenus sur les côtes de Batz et de Pornichet, du mois de novembre 1874 au mois de juin 1900 et qu'il conserve dans son petit musée, lequel renferme actuellement une centaine d'espèces.

M. le Président rappelle que la liste des communications faites dans les séances générales ou dans les séances de sections devra être remise aux secrétaires dans le délai de huit jours, faute de quoi ces communications ne pourront pas être insérées dans le compte rendu du Congrès.

Il annonce qu'il va être procédé, en suivant l'ordre des sections, à l'examen des vœux qui ont été formulés par ces différentes sections.

La première section (Ornithologie systématique, anatomie, physiologie) n'a émis aucun vœu.

La seconde section (Distribution géographique des oiseaux, faunes actuelles ; migrations) a émis le vœu suivant, sur la proposition de MM. Herman et Blasius :

Le IIIe Congrès ornithologique international, afin d'élucider autant que possible les phénomènes de la migration des oiseaux, émet le vœu qu'il soit organisé, dans une des prochaines années, un système d'observations générales s'étendant sur toute l'Europe, sur la migration vernale de l'hirondelle de cheminées (Hirundo rustica) et de quelques espèces d'oiseaux très connues, comme la cigogne blanche (Ciconia alba) et le coucou vulgaire (Cuculus canorus) et donne au Comité ornithologique international permanent l'autorisation de faire les démarches nécessaires pour réaliser ce vœu et de rédiger un rapport sur les résultats obtenus.

Les moyens pour atteindre ce but seraient :

1° Des cartes postales affranchies comme celles du Bureau central ornithologique hongrois ;

2° Les gares des chemins de fer et les postes de toute l'Europe seraient chargées de noter l'arrivée des hirondelles ;

3° Les Gouvernements des divers États seraient priés d'accorder la franchise du port postal et de se charger des dépenses nécessaires.

Ce vœu, mis aux voix, est adopté par le Congrès.

La seconde section a émis en outre un deuxième vœu, sur la proposition de M. Lorenz von Liburnau :

1° Que des postes d'observations sur les migrations des oiseaux, comme ceux qui existent en Autriche, en Hongrie, en Bosnie, soient établis dans d'autres pays ;

2° Que des observateurs (ornithologistes) soient envoyés en plusieurs pays, dans les parties méridionales de l'Europe et dans les parties septentrionales de l'Afrique, en même temps ;

3° Que les Gouvernements soient invités à donner dans ce but des missions aux observateurs qui devront effectuer et rédiger leurs observations suivant un plan uniforme ;

4° Que ces observations soient adressées au Comité ornithologique international qui les centralisera, les examinera et en fera le dépouillement.

Ce vœu, mis aux voix, est adopté.

La troisième section (mœurs, régime, embryogénie, nidification des oiseaux et zoologie) n'a formulé aucun vœu.

La quatrième section (Ornithologie économique, protection des espèces utiles à l'agriculture, destruction des espèces nuisibles, chasse) a émis plusieurs vœux. Avant d'en donner lecture, le président de la section, M. le docteur Victor Fatio, fait quelques observations :

« Je voudrais vous rappeler, dit-il, que, parmi les vœux qui ont été formulés hier et votés en séance de section, l'un a été renvoyé au président pour rédaction. C'est le vœu relatif à la question du commerce, transit et protection des cailles. Quand nous arriverons à cet article, naturellement une discussion pourra se rouvrir si tout le monde n'est pas d'accord sur la rédaction nouvelle. Les autres vœux ont été votés par la section presque à l'unanimité dans la séance d'hier. Ils concernent surtout la région paléarctique ; mais les mesures qu'ils réclament pourront ensuite, si possible, être étendues aux colonies. »

M. Fatio donne lecture de l'ensemble de ces vœux, qu'il reprend ensuite successivement, à la demande de M. le Président.

1° Protéger d'une manière efficace, durant les cinq ou six mois comprenant l'époque de reproduction des oiseaux, tous les oiseaux qui ne sont pas généralement reconnus comme incontestablement nuisibles, et cela aussi longtemps qu'on n'aura pas réussi à établir des listes d'oiseaux partout et toujours utiles.

Des exceptions pourront être prévues en faveur de la science et en cas de légitime défense.

Après quelques observations présentées par M. Fatio, le premier vœu, mis aux voix, est adopté.

2° Interdire complètement tous les procédés de capture en masse, que ce soient des procédés capables de prendre les oiseaux en grande quantité à la fois (filets, etc.) ou des pièces ou engins (lacets, etc.) qui, disposés en grand nombre, puissent atteindre le même résultat.

Une discussion, au sujet de cet article, s'élève entre MM. le baron DE SÉLYS-LONGCHAMPS, FATIO, QUINET, DYBOWSKI, VERNET, A. DUVAL, E. HARTERT, baron DE BERLEPSCH et REMY SAINT-LOUP.

M. LE PRÉSIDENT met ensuite aux voix l'article tel qu'il est proposé par la Commission.
L'article est adopté.

3° Interdire également le commerce et le transit, le colportage, la vente et l'achat des oiseaux protégés et de leurs œufs et petits pendant les époques de protection prévues.

Le gibier migrateur, les cailles en particulier, qui diminue de plus en plus, devrait bénéficier partout des mêmes protections et interdictions.

M. le Président rappelle qu'il a été fait de ce vœu une traduction allemande dont M. BÜTTIKOFER donne lecture.

M. A. DUVAL demande que le *recel* soit ajouté au *transit*. M. LALOUE, à la suite de considérations longuement développées et vivement combattues, demande qu'on intercale dans le texte de l'article les mots *vivants ou en chair*. La rédaction serait la suivante : Interdire également le commerce et le transit, etc., des oiseaux *vivants ou en chair*, etc.

MM. FATIO, DYBOWSKI, HERMAN, BOLLACK et OUSTALET présentent quelques observations, à la suite desquelles l'addition proposée des mots *vivants ou en chair* est repoussée à la grande majorité, cette addition n'ayant réuni que 4 voix.

M. LE PRÉSIDENT met ensuite aux voix le vœu n° 3, tel qu'il a été présenté par M. Fatio.
Ce vœu est adopté à une grande majorité.

M. DYBOWSKI propose un article additionnel ainsi conçu :

3 bis. Étendre ces mesures autant que possible aux colonies des différents pays.
Cet article est adopté.

M. FATIO donne lecture du vœu n° 4 :

4° Prier chaque État de faire faire sur son territoire des recherches à la fois ornithologiques et entomologiques en vue de déterminer l'alimentation des espèces et par là leur degré d'utilité.

MM. Fatio, Duval et Olivier discutent les termes de ce vœu, lequel est mis aux voix et adopté.

Une addition proposée par M. Olivier est ainsi conçue :

Le rapport sur ces observations devra être donné au Comité international dans l'espace de cinq ans.

Cette addition est adoptée.

M. Fatio donne ensuite lecture des vœux n°° 5 et 6 :

5° Faciliter par tous les moyens possibles (tels que baies, miroirs, etc.) la multiplication des oiseaux utiles insectivores.

6° Répandre dans la jeunesse des idées en même temps intéressantes et utiles sur la biologie des oiseaux.

M. Fatio fait observer qu'il a mis *intéressantes et utiles* parce qu'il ne suffit pas de donner des notions utiles, il faut les présenter de façon à captiver l'attention des enfants afin de les amener à s'intéresser aux oiseaux.

M. Fatio donne ensuite lecture du vœu suivant présenté par M. Xavier Raspail et adopté par la section de protection des oiseaux.

Le III° Congrès ornithologique international, séant au Palais des Congrès de l'Exposition universelle de 1900, après avoir pris connaissance des instructions que M. le baron van der Bruggen, Ministre de l'agriculture de Belgique, a prescrites à son administration forestière, tant pour favoriser la reproduction de plusieurs espèces d'oiseaux insectivores que pour assurer leur existence en hiver, lui adresse ses félicitations et émet le vœu que les Ministres compétents des autres Gouvernements de l'Europe fassent preuve d'une semblable sollicitude à l'égard des oiseaux utiles à l'agriculture.

M. Vortelier demande que ce vœu soit scindé en deux parties et qu'il soit statué sur chacune d'elles.

La scission mise aux voix n'est pas prononcée et le vœu dans son ensemble est adopté.

M. le baron A. Cretté de Palluel demande que le Congrès émette le vœu suivant :

«Considérant que l'ornithologie est une science utile en elle-même et dans ses applications, le Congrès exprime le vœu que l'on recherche et mette à l'étude les voies et moyens pouvant contribuer : 1° à augmenter le nombre des adeptes de cette science ; 2° à faciliter les études, les recherches et les relations des ornithologistes des différents pays ; 3° à amener les progrès des moyens de préparation des spécimens ornithologiques. Le Comité ornithologique international serait chargé de faire le nécessaire pour obtenir ces résultats.»

Cette proposition, mise aux voix, ne réunit pas un nombre de suffrages suffisant pour être prise en considération.

M. R. Saint-Loup présente les vœux suivants au nom de la sous-section d'acclimatation :

1° *Que le Comité ornithologique international veuille bien centraliser, en vue du prochain Congrès, les questionnaires et réponses acquises relativement, d'une part aux Nandous et aux Tinamous, d'autre part aux œufs des Oiseaux et aux conditions précises de l'incubation. Ces documents nouveaux, centralisés par les bureaux permanents des Congrès ou par les comités d'organisation, pourraient être mis en ordre et apportés devant le prochain Congrès.*

2° *Que des tentatives soient faites pour l'acclimatation du Nandou de Darwin (Rhea Darwini).*

3° *Que de nouveaux essais soient tentés pour éclairer l'opinion sur l'acclimatation du Tinamou gris (Nothura Darwini).*

4° *Que des efforts soient faits pour l'étude pratique des différentes espèces de Tinamous connus par les acclimateurs.*

Ces vœux, mis aux voix, sont adoptés.

M. le baron du Teil, l'un des secrétaires de la sous-section d'aviculture, donne lecture des vœux émis par cette sous-section :

1° *Que l'État invite les Sociétés ou Comités d'agriculture subventionnés par lui à donner des prix à l'aviculture lors des concours annuels.*

2° *Qu'il soit fait remise d'une médaille commémorative aux membres du Congrès.*

3° *Que les États, aussi bien les États étrangers que la France, veuillent bien, dans l'enseignement agricole donné dans les écoles communales, faire une part à l'aviculture.*

Le premier et le troisième de ces vœux sont adoptés. Quant au second, M. le Président demande que cette proposition, qui est plutôt un désir qu'un vœu, soit renvoyée à l'examen du Comité d'organisation. Il en est ainsi décidé.

M. Castello y Carreras présente le vœu que le nom de la race des poules dites *espagnoles* ne porte plus ce nom à l'avenir, mais celui de race *à face blanche*, pour les raisons développées dans la séance du 23 juin (4ᵉ section, 3ᵉ sous-section).

M. Wacquez fait observer que ce vœu a un caractère un peu trop spécial pour être soumis à l'assemblée générale.

M. Castellos y Carreras n'insiste pas pour sa proposition.

M. le Président demande s'il y a encore des vœux à formuler sur des sujets généraux.

M. Duval formule le vœu suivant auquel M. Chatain s'associe pleinement :

Le Congrès ornithologique international adresse des remerciements aux Puissances qui ont bien voulu adhérer à la convention internationale pour la protection des Oiseaux et exprime le vœu que cette convention soit ratifiée le plus tôt possible par les autres Puissances.

Ce vœu, mis aux voix, est adopté.

M. LE PRÉSIDENT fait la communication suivante :

« Dans sa séance particulière, tenue ce matin, le Comité ornithologique international a adopté un nouveau règlement qui le concerne et dont il n'est pas nécessaire de donner ici lecture, puisque c'est un règlement d'ordre intérieur. Il résulte des décisions prises que, autant que possible, un roulement s'établira entre les différents pays de manière que les Congrès aient lieu successivement dans différentes villes et que le président change après chaque Congrès.

« En vertu de ce règlement, il a été procédé à l'élection d'un nouveau président qui entrera en fonctions dans un délai maximum de deux ans à partir du Congrès qui l'a nommé. Nous avons choisi comme président du Comité chargé de s'occuper de la préparation du prochain Congrès M. le docteur Bowdler Sharpe, conservateur du Musée Britannique. (*Applaudissements.*)

« Il a été décidé également que le prochain Congrès aurait lieu dans une autre ville de l'Europe. Plusieurs noms de villes ont été mis en avant. Je vais vous les citer (cela vous permettra de juger); ce sont, par ordre alphabétique : Barcelone, Bruxelles, Londres, Sophia. Je vais mettre aux voix successivement le choix de ces différentes villes. »

Le nom de Barcelone ne réunit que cinq voix.

Le nom de Bruxelles le même nombre.

Londres, à une première épreuve réunit quinze voix pour et sept contre sur trente-huit votants. Il n'y a pas de majorité.

M. le docteur Paul LEVERKHÜN demande la parole et fait ressortir les avantages que présenterait Sophia comme lieu de réunion, l'intérêt que présenteraient des excursions faites dans un pays extrêmement pittoresque et inconnu de la plupart des membres réunis aujourd'hui dans cette enceinte.

M. le professeur R. BLASIUS objecte que ce matin, dans la séance du Comité ornithologique, les quatre villes indiquées ayant déjà été proposées, la majorité du Comité s'est rangée à l'avis de choisir Londres comme lieu de réunion.

M. LE PRÉSIDENT dit que l'assemblée lui paraît maintenant suffisamment éclairée. Il met au voix le choix de la ville de Sophia, puis celui de Londres. Sophia réunit dix-huit voix et Londres vingt.

Londres a par conséquent la majorité et cette ville est adoptée.

M. le docteur R.-B. SHARPE est proclamé président du Comité pour une nouvelle période, qui commencera à l'époque où prendront fin les pouvoirs de son prédécesseur, c'est-à-dire dans dix-huit mois à deux ans.

M. Sharpe remercie ses collègues de l'honneur qu'ils viennent de lui faire et les assure qu'il fera tout ses efforts pour rendre le Congrès ornithologique de Londres aussi brillant que les autres Congrès qui ont eu lieu précédemmant dans cette capitale. Il exprime à ses amis français sa reconnaissance pour la bienveillance qu'ils lui ont témoignée et pour les attentions dont il a été l'objet.

Les quarante-quatre membres nouveaux que le Comité ornithologique a décidé de s'adjoindre et dont les noms suivent sont élus par acclamation :

MM. le docteur d'Almasy, le comte E. Arrigoni degli Oddi, F.-E. Beddard, le baron de Berg, le baron von Berlepsch, F.-E. Blaauw, J.-L. Bonhote, le docteur O. de Buen, le professeur R. Burckhardt, le marquis de Campo, S. Castello y Carreras, le baron Cretté de Palluel, le comte R. de Dalmas, le baron C. von Erlanger, G. Gaal de Gyula, le baron J. de Guerne, E. Hartert, le docteur G. Horvath, Ch. van Kempen, le baron Kœnig von Warthausen, le professeur A. Kœnig, le docteur de La Llave, le docteur Leverkühn, le conseiller S. Maday, le docteur Marmottan, le professeur G. Martorelli, le professeur Mir y Navarro, le professeur Möbius, le docteur Nehrkorn, le professeur Nüsslin, le comte d'Orfeuille, le docteur Parrot, le comte du Perier de Larsan, X. Raspail, l'honorable W. Rothschild, le conseiller Saarossy Kapell, le docteur R. Saint-Loup, H. Schalow, E. Simon, L. Ternier, J. Vian, le professeur Wenzel-Capek, S. B. Wilson, Zos y Martorell.

M. Giglioli demande la parole et s'exprime en ces termes :

« Je crois être l'interprète de tous ceux qui sont présents, avant de nous séparer aujourd'hui, en donnant un remerciement chaleureux et cordial à notre président, M. Oustalet, et à notre secrétaire général, M. de Claybrooke, et au secrétariat du Comité international ornithologique à Paris, pour la façon cordiale dont nous avons été reçus. » (*Applaudissements.*)

M. le Président : « Je remercie M. Giglioli, mon ami, des paroles si flatteuses qu'il vient de prononcer pour mon zélé et dévoué collaborateur M. de Claybrooke et pour moi.

« Nous voici arrivés au terme de nos travaux. J'espère, je suis même certain qu'ils n'auront pas été inutiles. Si nous n'avons pas pu explorer toutes les parties du champ que nous avions délimité, nous en avons parcouru des portions importantes.

« Les recherches sur le développement des Oiseaux, sur le changement de plumage, les mues, l'histoire de certaines espèces fossiles, la description des hybrides, des aperçus nouveaux sur la faune des diverses contrées, le projet d'établissement d'un réseau ornithologique à travers l'Europe entière, des notions nouvelles sur l'aviculture, des renseignements curieux et inédits sur l'acclimatation de certaines espèces; enfin, l'adoption d'une constitution nouvelle pour le Comité ornithologique international, sont certainement des œuvres qui resteront.

« Ces œuvres ont rempli l'ordre du jour des cinq journées que nous avons passées ensemble et qui ont fui avec une rapidité que je regrette pour ma part, car elles ont été pour moi l'occasion de vivre en contact constant avec des personnes qui m'ont témoigné une sympathie dont je leur suis profondément reconnaissant. (*Applaudissements.*)

« Si personne ne demande plus la parole, je déclare close la session du IIIᵉ Congrès ornithologique international de 1900 et je vous donne rendez-vous pour demain soir au banquet.

« Les communications qui n'ont pas été envoyées jusqu'à présent devront être remises dans le délai de huit jours à M. de Claybrooke, secrétaire général. »

La séance est levée à 5 heures.

Le soir de ce même jour, sur l'invitation de M. le baron J. DE GUERNE, secrétaire général de la Société d'acclimatation, la plupart des membres du Congrès et un grand nombre d'autres personnes se sont réunies au siège de la Société, rue de Lille, 41, et ont entendu avec un vif intérêt deux conférences, faites l'une par M. le docteur ARBEL, l'autre par le docteur RACOVITZA. La première avait trait à la fauconnerie ancienne et moderne, la seconde aux observations ornithologiques faites par les naturalistes de la *Belgica* sur les terres australes. Ces deux conférences étaient accompagnées d'excellentes projections photographiques. D'autres projections représentant des Oiseaux sauvages ou domestiques ont été mises sous les yeux des membres du Congrès et des invités par M. le baron J. de Guerne.

Enfin, le lendemain, dimanche, à 7 heures et demie, un grand banquet a réuni au restaurant Marguery les membres du Congrès auxquels avaient bien voulu se joindre plusieurs savants français, parmi lesquels MM. A. Gaudry et H. Filhol, membres de l'Institut et professeurs au Muséum, M. Gariel, membre de l'Académie de médecine et délégué principal des Congrès de l'Exposition de 1900, etc.

Des toasts ont été portés par M. OUSTALET, président du Congrès, aux chefs d'États et aux délégués officiels des Gouvernements auprès du Congrès, ainsi qu'à M. Gariel et aux dames présentes à cette réunion, par M. R.-B. SHARPE, le nouveau président du Comité ornithologique, et par M. CHATAIN, délégué du Ministère des affaires étrangères.